L'ART

D'IMITER

LES PIERRES PRÉCIEUSES.

L'ART

DE FAIRE

LES CRISTAUX COLORÉS

IMITANS

LES PIERRES PRÉCIEUSES;

Par M. FONTANIEU,

Intendant & Contrôleur général des Meubles de la Couronne, des Académies royales des Sciences, & d'Architecture.

A PARIS,

DE L'IMPRIMERIE DE MONSIEUR.

M. DCC. LXXVIII.

AU ROI.

SIRE,

La permiſſion que VOTRE MAJESTÉ a eu la bonté de m'accorder de lui dédier un de mes ouvrages, qui a pour titre l'Art d'imiter les Pierres précieuses, est d'autant plus honorable pour moi, qu'elle me met à portée de lui offrir publiquement les marques du zèle & du très-profond respect

Du plus soumis de ses Sujets.

FONTANIEU,

Intendant & Contrôleur général des Meubles de la Couronne, des Académies royales des Sciences & d'Architecture.

L'ART

D'IMITER

LES PIERRES PRÉCIEUSES.

PLUSIEURS chimiftes ont publié des ouvrages fur les verres colorés, entr'autres Merret, Néri & Kunckel, Orfchal, Haudicquer de Blancour, &c. M. de Montami fit un ouvrage très-intéreffant fur la peinture en émail. On trouve parmi les Arts de l'Académie des Sciences, celui de la peinture fur verre par M. Vieil ; il renferme des obfervations importantes. J'ai profité des travaux de ces hommes célèbres ; j'ai répété avec foin leurs procédés, mais les réfultats n'ont pas toujours répondu à mon attente ; c'eft pourquoi j'ai pris le parti de varier & graduer mes expériences, jufqu'à ce que je fuffe parvenu à faire conftamment & invariablement ces diffé-

A

rentes compofitions ; & j'ofe me flatter qu'en fuivant les procédés que j'indique, on réuffira de même.

J'ai divifé ce Mémoire en fix parties. Dans la première, je traite de la préparation des fondans propres à faire les criftaux colorés qui imitent les pierres précieufes.

Dans la deuxième partie, je fais connoître la nature des fondans, & le foin qu'exigent leurs préparations.

Dans la troifième partie, je décris la nature des matières qu'on emploie pour colorer le verre, & la manière de préparer les chaux métalliques deftinées à cet ufage.

Dans la quatrième partie, je parle des couleurs employées dans la peinture en émail.

Dans la cinquième, je donne la defcription du fourneau que jai employé.

La fixième partie eft un tableau des compofitions pour les pierres factices.

PREMIÈRE PARTIE.

De la préparation des fondans propres à faire les criſtaux colorés, imitans les Pierres précieuſes.

Quoique les différentes chaux de plomb, telles que le minium, la litharge, le blanc de plomb en écailles & la céruſe, ſemblent à la première inſpection devoir produire le même effet dans la vitrification, j'ai cependant reconnu qu'il n'étoit pas indifférent d'employer l'une ou l'autre de ces préparations, parce qu'elles ſont ſujettes à être ſophiſtiquées ; la céruſe ſe trouve ſouvent mêlée avec de la craie ; la litharge ſe trouve auſſi quelquefois contenir des ſubſtances métalliques étrangères au plomb : le minium m'a paru être la chaux de plomb la plus conſtamment pure, après le plomb en écailles. Il faut avoir ſoin de paſſer au tamis de ſoie les préparations de plomb qu'on veut faire entrer dans la vitrification, afin d'en ſéparer les parties groſſières qu'elles contiennent, & le plomb à l'état métallique, quand on emploie le blanc de plomb en écailles.

La baſe des pierres factices eſt la chaux de

plomb, & le criftal de roche, ou toute autre pierre vitrifiable par l'intermède des préparations de plomb. Le fable pur & la pierre à fufil, ainfi que les cailloux des rivières qui font tranfparens, font des matières également propres à faire du verre ; mais il faut préliminairement divifer les maffes de criftal, & les pierres ou cailloux, cette opération introduifant fouvent du fer ou du cuivre, &c. Dans ces fubftances qui peuvent d'ailleurs être falies par de la pouffière ou des corps gras, je commence par mettre le criftal ou les cailloux dans des creufets, & je fais éprouver à ces matières un degré de feu capable de les faire fortement rougir, enfuite je les jette dans des fébilles de bois, remplies d'eau très-claire ; les petites portions de charbons, fournies par les matières étrangères, nagent à la furface de l'eau, la terre vitrifiable refte au fond de l'eau ; je l'agite à plufieurs reprifes, enfuite je décante l'eau & fais fécher ces matières ; je les pile, & les paffe au tamis de foie le plus fin ; pour les mettre en digeftion pendant quatre ou cinq heures avec de l'acide marin, je l'agite d'heure en heure. Ce menftrue eft, comme on le fait, celui qui a le plus d'action fur le fer, lors même qu'il approche de la nature de chaux : cet acide marin eft préférable à l'acide nitreux, qui réduit le fer en chaux, de même que le zinc qui eſt contenu dans les mortiers de fonte & dans les mortiers de cuivre. Après avoir décanté l'acide marin de deſſus la pierre vitrifiable, je la lave juſqu'à ce que l'eau des lotions ne rougiſſe plus la teinture de tourneſol ; je fais enſuite ſécher ma pierre vitrifiable ; je la paſſe au tamis de ſoie ; c'eſt dans cet état que je l'emploie. Le nitre, l'alkali du tartre & le borax, ſont les trois eſpèces de ſels que je fais entrer, avec le quartz, & les diverſes chaux de plomb, dans mes vitrifications.

DEUXIÈME PARTIE.

De la Nature des fondans, & du soin qu'exige leur préparation.

Une partie des succès de l'art de faire les pierres colorées, dépend de la précision dans la proportion des matières qui sont destinées à faire le cristal qui sert de base aux pierres factices; après avoir essayé une grande quantité de recettes, j'ai reconnu qu'on pouvoit les réduire à cinq principales : une trop grande quantité de plomb étant introduite dans la composition du fondant, rend ce verre susceptible de se ternir, c'est ce que les verriers nomment *fonte grasse ;* si j'attribue cet effet au plomb plutôt qu'à l'alkali que je fais entrer dans ma fritte, c'est que j'ai reconnu qu'en diminuant la dose de chaux de plomb, les verres que j'obtenois n'étoient plus susceptibles de se ternir.

PREMIER FONDANT.

Deux parties & demie de plomb en écailles, une partie & demie de cristal de roche ou de pierres à fusil préparées, une demi-partie de sel de nitre & autant de borax, & un quart de partie de verre d'arſenic, étant bien mêlés, forment la compoſition de mon premier fondant. Après avoir mis ce mélange dans un creuſet de Heſſe, on le fait fritter ; quand il eſt bien fondu on le verſe dans l'eau froide ; on le fond une ſeconde & une troiſième fois, ayant ſoin de le jeter dans de nouvelle eau bien claire, après chaque fonte, & d'en ſéparer à chaque fois le plomb qui s'eſt revivifié. Il faut avoir la précaution de ne point ſe ſervir deux fois du même creuſet, parce que le verre de plomb les pénètre de manière que ce qu'ils contiennent courroit riſque d'être perdu en paſſant à travers ; il faut auſſi avoir ſoin de bien couvrir ces creuſets, de peur qu'il ne s'y introduiſe des charbons qui revivifieroient la chaux de plomb.

IIe FONDANT.

Deux parties & demie de blanc de céruſe, une partie de pierres à fuſil préparées, une demi-partie d'alkali fixe du tartre, & un quart de partie de borax calciné ; on fond ce mélange dans un creuſet de Heſſe ; on le verſe enſuite dans l'eau ; on le fond, & on le lave une ſeconde & une troiſième fois, en obſervant les mêmes précautions que pour le premier fondant.

IIIᵉ FONDANT.

Deux parties de minium, une partie de criftal de roche, une demi-partie de fel de nitre, & autant de fel de tartre; on fond ce mélange, & on le traite comme les précédens.

IVᵉ FONDANT.

Trois parties de borax calciné, une partie de criftal de roche préparé, & une partie de fel de tartre ; on fond ce mélange, & on le verfe dans l'eau tiède ; après l'avoir fait fécher, on le mêle avec une égale quantité de minium; on le fond plufieurs fois, & on le lave de même que les précédens.

Vᵉ FONDANT.

Quant au cinquième fondant, que je défigne fous le nom de *fondant de Mayence*, parce qu'il a été trouvé par un médecin de ce pays, qui en fit part à l'Electeur, en lui demandant le fecret, que j'ai trouvé le moyen d'avoir, & dont je vais donner la recette, on verra en le mettant en ufage, que c'eft une des plus belles compo-fitions criftallines que l'on connoiffe.

Trois parties d'alkali fixe du tartre, une partie de criftal de roche préparé, ou de pierre à fufil : on fait fritter ce mélange ; on le laiffe refroidir, enfuite on verfe dans le creufet de l'eau chaude qui diffout la fritte ; on reçoit l'eau qui eft chargée de cette fritte dans une terrine de grès, dans laquelle on met de l'eau-forte jufqu'à ce qu'il ne fe faffe plus d'effervefcence ; on décante cette eau, & on lave la fritte avec de l'eau tiède, jufqu'à ce qu'elle n'ait plus de faveur : on fait fécher cette fritte ; on la mêle avec une partie & demie de belle cérufe, ou blanc de plomb en écailles ; on porphyrife bien ce mélange, en l'arrofant avec de l'eau diftillée ; on prend une *1 marc* partie & demie de cette poudre féchée, & l'on y ajoute une once de borax calciné ; on mêle bien le tout dans un mortier de marbre, enfuite on le fait fondre, & on le jette dans l'eau froide comme les autres fondans. Ces fufions & ces lotions ayant été répétées, on mêle au fondant pulvérifé un douzième de nitre ; on fait fondre une dernière fois ce nouveau mélange, & l'on trouve dans le creufet un très-beau criftal qui a beaucoup d'orient.

Obfervations générales fur les fondans.

On doit entendre par parties un marc, ou huit onces, auxquelles on peut ajouter trois grains de manganèfe préparée, comme il eft indiqué dans les paragraphes fuivans ; fi je n'en ai point fait ufage, c'eft que j'ai remarqué qu'il y a des couleurs qu'elle modifie d'une manière défa-gréable. Je termine cet article des fondans, par la recette d'une compofition qui m'a produit de très-belles pierres blanches. Huit onces de cé-rufe, trois onces de criftal de roche préparé, deux onces de borax en poudre très-fine, & un demi-grain de manganèfe, ayant été fondus & lavés comme il eft dit ci-deffus, m'ont produit un très-beau criftal blanc.

TROISIÈME PARTIE.

Des Matières qu'on emploie pour colorer le cristal & imiter les pierres précieuses; manière de préparer les chaux métalliques destinées à cet usage.

LES couleurs des pierres précieuses factices font dues à des chaux métalliques, c'est de leur préparation que dépend la vivacité de leur couleur. Je vais décrire dans cette troisième partie les moyens de les obtenir, & j'indiquerai les doses qu'on doit introduire dans les fondans pour colorer.

De la Couleur pourpre produite par la chaux d'or.

J'emploie trois procédés pour obtenir le pourpre minéral, connu sous le nom de *précipité de Cassius*.

PREMIER PROCÉDÉ.

Je fais dissoudre de l'or à 24 karats dans de l'eau régale, préparée avec trois parties d'acide nitreux précipité, & une partie d'acide marin; si l'on veut accélérer cette dissolution, il faut mettre le matras sur un bain de sable.

On verse dans cette dissolution d'or une dissolution d'étain; les deux liqueurs se troublent, & l'or se précipite avec une portion d'étain sous la forme d'une poudre rougeâtre qui, après avoir été lavée & séchée, est nommée *précipité de Cassius*.

L'eau régale que j'emploie pour la dissolution de l'étain, est composée de cinq parties d'acide nitreux, & d'une d'acide marin; je mêle huit onces de cette eau régale avec seize onces d'eau distillée; je mets dans cette eau régale, affoiblie par deux parties d'eau, des feuilles d'étain de Malaca, de la grandeur & épaisseur d'une pièce de douze sous, jusqu'à ce que l'eau régale n'en dissolve plus; cette opération dure ordinairement douze ou quatorze jours.

Pour préparer plus promptement le précipité de Cassius, je mets dans un grand bocal huit onces de dissolution d'étain; je l'étends dans quatre pintes d'eau distillée; je verse ensuite dans cette lessive métallique, goutte à goutte, de la dissolution d'or, ayant soin d'agiter le tout avec un tube de verre. Lorsque ce mélange a pris une couleur de pourpre foncée, je cesse de verser de la dissolution d'or; & pour accélérer la précipitation du pourpre minéral, je verse dans ce mélange une pinte d'urine fraîche; six ou fept heures après, le précipité eft raffemblé au fond du vafe ; on décante le fluide qui fe trouve deffus ; on lave le précipité une ou deux fois ; & on le fait fécher jufqu'à ce qu'il foit réduit en une poudre brune.

IIe PROCÉDÉ

Pour obtenir le précipité de Caffius.

Je verfe dans une farbotière d'étain fin, dont le fond eft épais, quatre onces de diffolution d'or ; trois minutes après, je verfe dans cette farbotière deux pintes d'eau diftillée ; je laiffe ce mélange dans ce vafe d'étain pendant fept heures, ayant foin de l'agiter toutes les heures avec un tube de verre, enfuite je le verfe dans un bocal de verre conique ; j'y ajoute une pinte d'urine nouvelle, & le pourpre minéral ne tarde point à fe précipiter ; je le lave & fais fécher.

IIIe PROCÉDÉ

Pour obtenir le précipité de Caffius.

Je diftille au bain de cendres, dans une cornue de verre, de l'or, avec de l'eau régale compofée avec trois parties d'acide nitreux, & une d'acide marin ; lorfque l'acide a paffé, & que l'or contenu dans la cornue paroît à fec, je laiffe refroidir la cornue ; je verſe dedans de nouvelle eau régale ; je procède à la diſtillation comme ci-deſſus ; je remets encore deux fois de l'eau régale ſur l'or, & diſtille de même ; après ces quatre opérations, je verſe dans la cornue, peu à peu, de l'huile de tartre par défaillance ; il ſe fait une vive efferveſcence : lorſqu'il ne s'en produit plus ; je diſtille ce mélange juſqu'à ſiccité ; je mets enſuite de l'eau tiède dans la cornue ; j'agite le tout, & le verſe dans une capſule ; il s'y dépoſe un précipité qui varie par ſa couleur, qui eſt tantôt brune & tantôt jaune. Après avoir lavé ce précipité, je le fais ſécher : j'ai reconnu que ce pourpre minéral étoit bien ſupérieur aux précédens, puiſqu'il n'en faut que deux grains par once de fondant, tandis que des deux autres il en faut le vingtième du fondant ; mais je dois ajouter que j'ai trouvé le moyen d'exalter la couleur du précipité de Caſſius, en y ajoutant un ſixième de ſon poids de verre d'antimoine en poudre fine, & du ſel de nitre dans la proportion d'un gros par marc de fondant.

De l'emploi de l'argent dans les verres colorés.

La chaux d'argent étant vitrifiée produit une couleur d'un gris jaunâtre, cette chaux n'entre que dans la compofition du diamant jaune artificiel & de l'opale ; c'eft fous forme de lune cornée que je l'introduis dans le fondant. Pour préparer cette lune cornée, je diffous l'argent dans l'acide nitreux précipité, enfuite je verfe dedans une diffolution de fel marin ; il fe fait un précipité blanc qui, après avoir été lavé & féché, fe fond très-aifément au feu, où il fe volatilife quand il n'eft point mêlé avec des matières vitrifiables.

Pour faire le diamant jaune, on met vingt-cinq grains de lune cornée avec une once du quatrième fondant. L'on peut diminuer la dofe de l'argent, fuivant la nuance de jaune qu'on défire.

Des Couleurs que produit le cuivre.

Les chaux de cuivre introduifent dans le verre blanc la plus belle couleur verte ; mais fi ce métal n'étoit point exactement à l'état de chaux, il y introduiroit une couleur d'un rouge brunâtre. Le bleu de montagne, le verdet & le réfidu de fa diftillation, font les différentes préparations de cuivre dont je fais ufage pour faire les émeraudes artificielles ; pour cet effet, je fonds quinze onces du premier fondant avec un gros de bleu de montagne, & un grain de chaux de cobalt :

on peut auffi obtenir une couleur verte par le mélange du bleu & du jaune; pour cet effet, on prend du fecond fondant, auquel on ajoute par once vingt grains de verre d'antimoine, & trois grains de chaux de cobalt.

Des Couleurs produites par les chaux de fer.

Quoiqu'on ait avancé que les chaux de fer introduifoient une très-belle couleur rouge tranf-parente dans le verre blanc, je n'ai pu en obtenir qu'un rouge pâle & un peu opaque; la dofe de chaux de fer que j'ai employée, étoit dans la proportion du vingtième du fondant.

Il y a plufieurs manières de préparer les chaux de fer qu'on nomme *fafran de mars*; en général, il faut que ce métal foit dépouillé de fon phlogiftique au point de n'être plus attirable par l'aimant: ainfi on peut prendre les écailles de fer, c'eft-à-dire la chaux de fer qui fe trouve fur les barreaux des galères ou fournéaux qui fervent à la diftillation de l'eau-forte.

En mettant de la limaille d'acier en digeftion avec du vinaigre diftillé, faifant enfuite éva-porer, & en remettant dix ou douze fois du vi-naigre fur cette limaille, procédant toujours à la defficcation, on parvient à obtenir une chaux

de

de fer qu'il faut calciner après l'avoir tamifée ;
pour cet effet, je la mets dans la feconde chambre du fourneau, dont je donnerai la defcription à la fin de cet art. La chaux de fer obtenue
par le vinaigre, n'a introduit dans mes fondans
qu'une couleur verte tirant fur le jaune.

Deuxième procédé pour préparer le fafran de mars.

On diffout uue once de limaille de fer dans
de l'acide nitreux , on introduit ce mélange
dans une cornue de verre , & l'on procède à
la diftillation au bain de fable jufqu'à ficcité ;
après avoir recohobé une feconde & une troifième fois de l'acide nitreux fur la chaux de
fer, on l'édulcore avec de l'efprit de vin, enfuite on la lave avec de l'eau diftillée ; le fafran
de mars qu'on obtient par ce moyen eft du plus
beau rouge.

DE L'AIMANT.

L'aimant eft une mine de fer où ce métal fe
trouve à l'état métallique, c'eft pourquoi il faut
le calciner avant de l'introduire dans la vitrification ; après avoir torréfié l'aimant pendant
deux heures, on le lave, & on le fait fécher.
On ne l'emploie que pour la compofition de
l'opale.

B

Sur deux onces de fondant on met deux grains d'aimant, dix grains d'argent corné, un demi-grain de précipité de Caffius, & un demi-gros de terre des os calcinés à blanc.

De la Couleur bleue extraite du cobalt.

Il n'y a que la chaux de cobalt qui foit propre à introduire une couleur bleue dans le verre, mais il eft rare de trouver ce demi-métal dépouillé de fer & de bifmuth, c'eft pourquoi il faut s'occuper à les en féparer ; on commence par calciner la mine de cobalt pour en dégager l'arfenic, enfuite on diftille dans une cornue fa chaux avec du fel ammoniac, le fer & le bifmuth fe fubliment avec ce fel ; on répète cette diftillation jufqu'à ce que le fel ammoniac ne fe colore plus en jaune ; alors le cobalt qui refte dans la cornue étant calciné dans un têt, fe trouve à l'état de chaux très-pure qui, étant enfuite introduite avec le fondant dans la proportion d'un neuf centième, lui donne une très-belle couleur bleue, dont on peut augmenter l'intenfité à difcrétion par l'addition du cobalt.

Pour préparer un émail noir femblable à celui qu'on a nommé *agate noire d'Iflande*, il fuffit de fondre enfemble une livre & demie d'un des fondans, deux onces de chaux de cobalt, deux onces de fafran de mars préparé au vinaigre, & deux onces de manganèfe.

Des Effets de la chaux d'étain introduite dans le verre blanc.

La chaux d'étain n'étant pas fufceptible de fe vitrifier, & ayant une couleur blanche lorfqu'elle eft dépouillée de principe inflammable, elle eft propre, par cette raifon, à rendre opaque le verre avec lequel on la fond ; c'eft alors qu'il porte le nom d'*émail*

Avant d'employer la chaux ou potée d'étain, je la calcine, & ce n'eft qu'après l'avoir lavée, defféchée & paffée au tamis de foie, que je l'emploie. Pour faire mon émail blanc, je prends fix livres du fecond fondant & autant de potée d'étain, j'ajoute quarante-huit grains de manganèfe

Des Couleurs que produit l'antimoine dans le criftal blanc.

L'antimoine n'eft fufceptible de fe vitrifier que lorfque la chaux de ce demi-métal contient du phlogiftique, & alors elle produit un verre rougeâtre ou couleur d'hyacinthe; mais fi l'antimoine eft à l'etat de chaux abfolue, tel qu'eft l'an-

timoine diaphorétique, alors elle n'eft plus fufceptible de vitrification, & peut être fubftituée
à la chaux d'étain pour faire l'émail blanc.

Je fais entrer le verre d'antimoine dans la
compofition des topazes artificielles ; pour les
topazes d'Orient, je prends trois parties du premier fondant avec cinq gros de verre d'antimoine ; pour imiter la topaze de Saxe, j'ajoute
à chaque once de fondant cinq grains de verre
d'antimoine. Quant à la topaze du Bréfil, je
l'imite en prenant trois parties du premier fondant, une once vingt-quatre grains de verre d'antimoine, & huit grains de précipité de Caffius.

DE LA MANGANÈSE.

Ce minéral eft employé en petite dofe pour
rendre le verre plus blanc, mais il lui donne
une très-belle couleur violette fi on y en introduit une plus grande quantité, & il lui donne-
roit une couleur noire, en le rendant opaque,
fi la quantité étoit encore plus confidérable.

Il y a deux manières de préparer la manganèfe ; la plus fimple confifte à faire rougir ce minéral, & à l'éteindre dans du vinaigre diftillé ;
on la fait enfuite fécher, & on la pulvérife pour
la paffer au tamis de foie.

Quant à la feconde manière de préparer la

manganèfe pour la rendre propre à faire la couleur rouge, fuivant Haudicquer de Blancour,
qui la nomme *manganèfe fufible.*

On prend une livre de manganèfe de Pié-
mont, torréfiée & pulvérifée ; on la mêle avec
autant de falpêtre ; on la calcine pendant vingt-
quatre heures ; on lave enfuite ce mélange dans
de l'eau tiède, jufqu'à ce que l'eau des leffives
n'ait plus de faveur ; on fait fécher la manganèfe, & on la mêle avec un poids égal de fel
ammoniac ; on porphyrife ce mélange, en y
ajoutant de l'efprit de vitriol affoibli au point
de n'avoir pas plus de faveur que le vinaigre ;
ce mélange féché on l'introduit dans une cornue, & l'on procède à la diftillation par un feu
gradué. Quand le fel ammoniac eft fublimé, on
pèfe ce qui a été fublimé, pour y ajouter le
même poids de fel ammoniac, & l'on procède
ainfi à la diftillation & à la fublimation qu'on
répète fix fois, ayant toujours foin de mêler le
fel ammoniac & la manganèfe fur le porphyre,
& d'y ajouter de l'efprit de vitriol.

Pour faire l'améthyfte artificielle, on prend
trois parties du fondant de Mayence, on y
ajoute quatre gros de cette manganèfe préparée,
& quarante-huit grains de précipité de Caffius ;

on diminuera la dose de manganèse, si l'on veut que la pierre soit moins colorée.

Pour faire le rubis, on prendra vingt onces du fondant fait avec la pierre à fusil, & l'on y ajoutera une demi-once de manganèse fusible.

Pour faire le grenat, on mettra le vingtième en poids de cette manganèse, dans le fondant précédent.

J'ajoute dans ces trois compositions une demi-once de cristal minéral sur chaque marc de fondant.

QUATRIÈME PARTIE.

Des Couleurs employées pour la peinture en émail.

LES couleurs dont on fe fert pour peindre fur l'émail, ont pour bafe les mêmes matières métalliques que celles qu'on emploie dans la préparation des verres colorés ; mais il faut rendre le fondant plus doux, c'eft-à-dire plus fufible, afin que les couleurs fe parfondent égalament, & qu'elles puiffent fe bien glacer.

Je me propofe de faire un ouvrage particulier fur cette partie, c'eft pourquoi je n'en parlerai que fommairement, & d'après les expériences que j'ai faites fur cet objet. Ayant donné à M. Cartaut, peintre, de mes émaux colorés, il les a trouvés affez beaux pour les employer dans la compofition du tableau en émail qu'il vient de terminer, qui eft préfentement dans le cabinet intérieur de Sa Majefté ; il a dix-huit pouces de haut fur quinze & demi de large, repréfentant le Roi à cheval. M. Cartaut m'a dit que je lui épargnois au moins vingt-cinq louis ; je fus très-furpris de ce qu'il me difoit, car cela ne me revenoit pas à douze livres, mais je connus

par-là, que ceux qui préparent ces couleurs ran‑
çonnoient les peintres; c'eft pourquoi je me fais
un vrai plaifir de donner la recette des fondans
que j'ai employés. On mêle enfemble trois par‑
ties de borax calciné, une partie & demie de
verre blanc de Bohême, & une partie de fel de
tartre; on fond ce mélange, & on continue
l'opération comme il eft décrit pour le qua‑
trième fondant.

Après avoir divifé ce verre par la porphyri‑
fation, on introduit dedans les chaux métalli‑
ques dans la proportion qu'on veut, ce qui dé‑
pend de la nuance qu'on cherche à obtenir : or‑
dinairement l'on mêle trois parties de fondant
contre une de matière colorante. On porphy‑
rife ce mélange avec de l'efprit de vin, on le
laiffe fécher, & on le renferme à l'abri de toutes
pouffières; pour employer ces émaux, le peintre
n'a plus qu'à les broyer avec de l'huile de la‑
vande, pour les appliquer fur fes plaques.

CINQUIÈME PARTIE.

OBSERVATIONS sur les différens degrés de feu pour les pierres colorées, & description d'un fourneau que j'ai fait construire.

IL y a trois degrés de feu qui sont essentiellement différens par leur énergie, ce que j'ai eu occasion de reconnoître ; le feu entretenu dans les fourneaux à vent des laboratoires de chimie, est moins actif que celui dont on accélère l'effet par le moyen des soufflets ; enfin un feu entretenu par le bois, & qu'on soutient pendant soixante heures sans interruption, produit des effets singuliers dans la vitrification, la rend plus belle & le verre moins altérable.

Lorsqu'on a recours à la forge pour opérer la vitrification, il faut avoir soin de retourner le creuset de temps en temps afin que la matière fonde également, il faut encore remettre du charbon vers la tuyère à mesure qu'il se consomme ; car sans cette précaution on courroit le risque de refroidir le creuset, qui nécessairement se fendroit, & toute la matière coulant dans les cendres feroit totalement perdue (a).

Le fourneau pour les fontes, connu fous le nom de *fourneau à vent*, eft quarré ou rond ; on place fur fa grille un culot ou fromage, c'eft un fegment d'une petite colonne de terre cuite, fur lequel on pôfe le creufet qui fe trouve alors entouré de charbon ; le degré de chaleur produit par ce fourneau, eft bien moins confidérable que celui de la forge. Mais pour réuffir dans la vitrification, il faut faire ufage du fourneau dont je vais donner la defcription ; je l'ai conftruit d'après celui dont a parlé Kunckel ; *et cramer;* j'y ai fait cependant quelques changemens que j'ai crus néceffaires ; j'en ai donné le plan & la coupe dans la planche qui eft à la fin de cet ouvrage. L'intérieur du fourneau eft difpofé de manière que l'on peut pofer des creufets à trois hauteurs différentes. On donne le nom de *chambres* à ces avances fur lefquelles font pofées les creufets ; tout le monde fait que le degré de chaleur n'eft point égal dans ces trois chambres ; la chambre M eft celle où elle eft la

(a) Quoique cette manière de fondre foit la plus prompte, elle ne doit point être employée de préférence, car fouvent les creufets fe caffent, ou il s'y introduit des charbons qui réduifent la chaux de plomb qui fert de bafe aux fondans qu'on emploie.

plus forte, enfuite dans celle N , & après dans celle O. Il faut être attentif à commencer à mettre les creufets fuivant leurs grandeurs dans ces différentes chambres; j'ai reconnu que de cette manière cela produifoit le meilleur effet dans la vitrification.

Pour bien conduire le feu, il faut pendant les vingt premières heures ne mettre que trois bûches de bois blanc à la fois dans le fourneau ; les fecondes vingt heures , on en met quatre; & les dernières vingt heures, on en met fix, qui forment les foixante heures, pendant lefquelles on entretient le feu ; après quoi on laiffe refroidir le fourneau, ayant la précaution de boucher les ventoufes Q avec du lut, enfuite l'on retire les creufets quand le four eft totalement refroidi; ce qui n'eft qu'au bout de quarante-huit heures.

OBSERVATIONS.

Toutes les dofes qui font indiquées font dans le cas d'être diminuées ou augmentées, fuivant les couleurs plus ou moins chargées que l'on veut obtenir.

La girafole fe fait avec la même compofition que le rubis en introduifant les matières colorantes dans le fondant ; lorfqu'il eft en belle fu-

fion, j'agite le tout avec un tube de verre, &
retire le creufet du feu quand la matière eft tran-
quille, fans la laiffer plus de fix à fept minutes au
feu, après avoir mis les parties colorantes. Pour
la pierre qui imite l'agate, elle fe fait en prenant
des morceaux de criftaux déja teints de différentes couleurs, les faifant fondre enfemble &
agiter la matière avec une verge de fer, & donner
le même feu qu'à la girafole.

J'ai fait auffi un très-beau criftal blanc,
avec trois onces de criftal de roche préparé,
deux onces de borax en poudre, un demi-
grain de manganèfe préparée, & j'ai procédé
comme pour les autres fondans.

L'on vend à Tournhault en Bohême un verre
très-fufible & d'un jaune à peu près de celui de
la topaze du Bréfil, qui, lorfqu'on l'expofe à
un degré de feu propre à le faire rougir, en
le portant fous une moufle dans une coupelle,
prend une couleur d'un très-beau rubis qui fera
plus ou moins foncé par le degré de chaleur
qu'on lui fera fubir; j'ai effayé ce verre qui contient beaucoup de plomb, & je n'ai pu y dé-
couvrir de l'or.

FIN.

*Extrait des Regiſtres de l'Académie,
du 7 mars 1778.*

Meſſieurs CADET & SAGE ayant fait leur rapport de l'ouvrage de M. DE FONTANIEU, intitulé *l'Art d'imiter les Pierres précieuſes*, l'Académie a jugé cet ouvrage digne d'être imprimé ſous ſon privilège ; en foi de quoi j'ai ſigné le préſent certificat. A Paris, ce 21 mars 1778.

Le Marquis DE CONDORCET.

TABLE

Des différentes Pierres artificielles, des doses des fondans & des matières colorantes.

NOMS DES PIERRES.	FONDANS.	COULEURS.
Pour LE DIAMANT BLANC,	le fondant de Mayence, ou celui décrit dans les observations.	Ce cristal est très-pur, & n'a pas de couleurs.
LE DIAMANT JAUNE,	le quatrième fondant, par once on ajoute	25 grains de lune cornée, ou 10 grains de verre d'antimoine.
L'ÉMERAUDE,	15 onces du fondant qu'on voudra, / le second fondant, par once,	1 gros de bleu de montagne, 6 grains de verre d'antimoine. / 20 grains de verre d'antimoine, 3 grains de chaux de cobalt.
LE SAPHIR,	sur 24 onces de fondant de Mayence, ou de celui décrit dans les observations,	2 gros 46 grains de chaux de cobalt.
L'AMÉTHYSTE,	sur 24 onces de fondant de Mayence, ou de celui décrit dans les observations,	4 gros de manganèse préparée ; précipité de Cassius, 4 grains.
L'AIGUE-MARINE,	sur 24 onces du premier ou troisième fondant, on met	96 grains de verre d'antimoine, 4 grains de chaux de cobalt.
L'AGATE NOIRE,	sur 24 onces d'un des fondans qu'on voudra,	2 onces du mélange de la page 18.
L'OPALE,	sur une once du troisième fondant, on met	10 grains de lune cornée ; aimant, 2 gr. terre absorbante, 26 gr.
LA TOPAZE D'ORIENT,	sur 24 onces du premier fondant ou du troisième,	5 gros de verre d'antimoine.
LA TOPAZE DE SAXE,	sur 24 onces du premier ou troisième fondant,	6 gros de verre d'antimoine.
LA TOPAZE DU BRÉSIL,	sur 24 onces du second ou troisième fondant,	une once 24 grains de verre d'antimoine, 8 grains de précipité de Cassius.
LA HYACINTHE,	sur 24 onces du fondant fait avec le cristal de roche,	2 gros 48 grains de verre d'antimoine.
LE RUBIS D'ORIENT, 1er procédé,	sur 16 onces du fondant de Mayence,	Il faut mettre un mélange de 2 gros 48 grains de précipité de Cassius, de pareilles doses de safran de mars préparé à l'eau-forte, de soufre doré d'antimoine, de manganèse fusible, & y ajouter 2 onces de cristal minéral.
LE RUBIS D'ORIENT, 2e procédé,	20 onces du fondant fait avec la pierre à fusil,	une demi-once de manganèse fusible avec 2 onces de cristal min.
LE RUBIS BALAIS, 1er procédé,	sur 16 onces de fondant de Mayence,	diminuer la poudre colorante d'un quart.
LE RUBIS BALAIS, 2e procédé,	20 onces du fondant fait avec la pierre à fusil,	diminuer la manganèse fusible d'un quart.

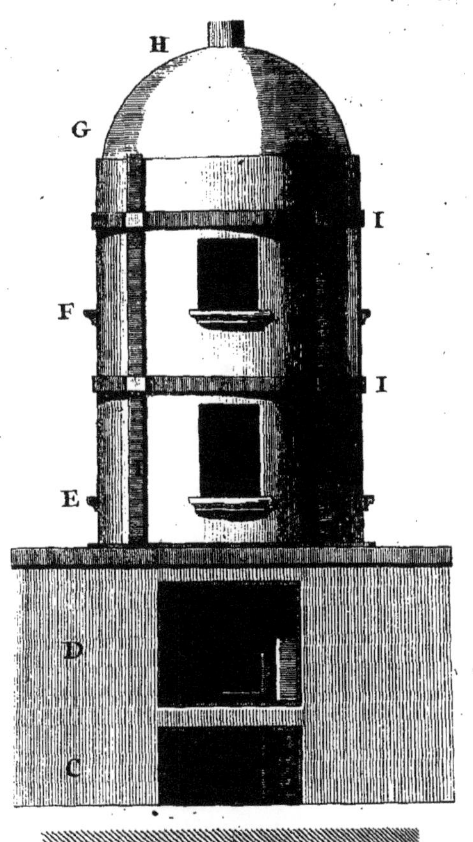

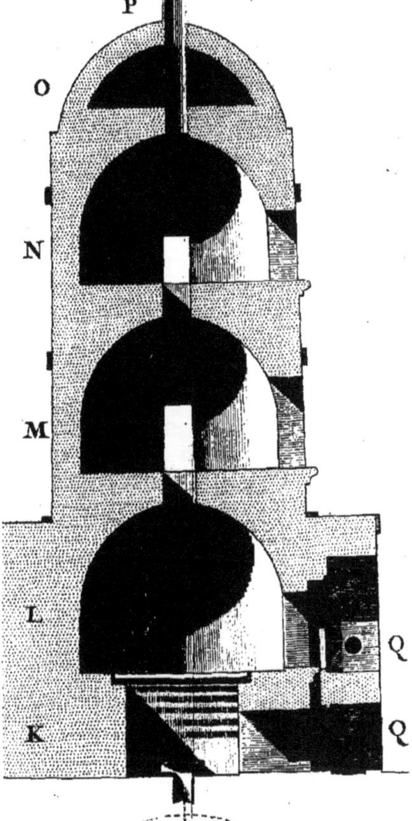

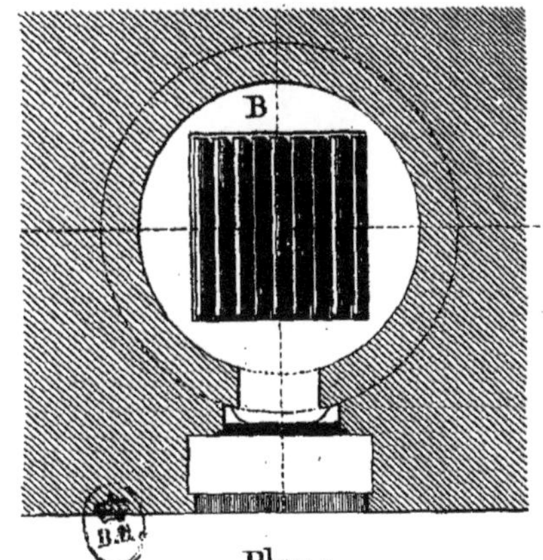

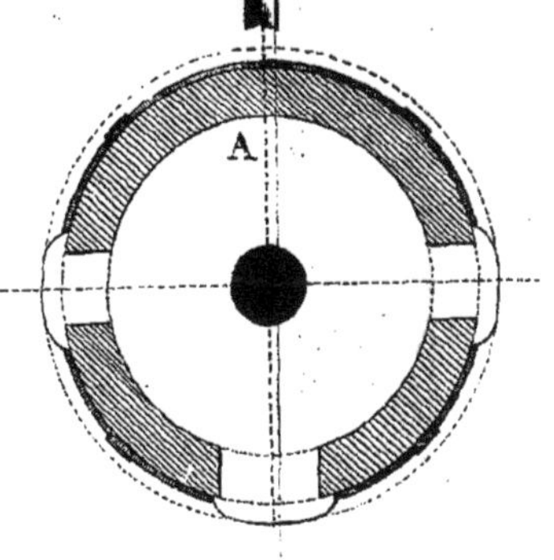

Plans.

I. Armature de fer.

A. Plan du four à la premier Chambre.

B. Plan du four à l'endroit du feu.

Coupe

Elévation.

K. Cendrier avec sa Ventouse.

C. Cendrier.

L. Chambre pour le feu avec sa Ventouse.

D. Porte pour mettre le Bois.

M. Premiere Chambre pour les Creusets.

E. Porte de la premiere Chambre.

N. Seconde Chambre pour les Creusets.

F. Porte de la seconde Chambre.

O. Dosme qui couronne le four.

G. Troisieme Chambre.

P. Tuyau pour laisser passer la flamme.

H. Tuyau qui laisse passer la flamme.

Q. Ventouses pour donner de l'Air.

Echelle de || Pieds

9 782013 469647